AF666889

Bibliographic information published by the German National Library:

The German National Library lists this publication in the National Bibliography; detailed bibliographic data are available on the Internet at http://dnb.dnb.de .

Imprint:

Print and binding: Books on Demand GmbH, Norderstedt Germany
ISBN: 9783668825055

This book at GRIN:

https://www.grin.com/document/446365

Ruben Dario Aguilar-Collazo

Instrumentación y Monitoreo de Obras Geotécnicas

GRIN Verlag

INSTRUMENTACIÓN Y MONITOREO DE OBRAS GEOTÉCNICAS
Artículo de revisión

Rubén D. Aguilar Collazo[1], *Universidad Nacional de Colombia, sede Bogotá*
Maestría en Ingeniería - Geotecnia
[1] Ingeniero Civil (IC), Esp. Gerencia de Proyectos de Construcción, Candidato a Magíster en Ingeniería – Geotecnia de la Universidad Nacional de Colombia, sede Bogotá

Este documento es un artículo tipo resumen integrado de cinco (5) artículos científicos suministrados en la asignatura de Investigación del subsuelo e Instrumentación de la Maestría en Ingeniería - Geotecnia cursada en la Universidad Nacional de Colombia en el año 2012, los cuales se relacionan con la instrumentación y monitoreo de estructuras geotécnicas, en especial de obras subterráneas tipo túneles.

Los objetivos principales de la instrumentación y monitoreo (en obras subterráneas) son: (a) obtener información de la respuesta del suelo cuando se hacen túneles, (b) proporcionar un control de la construcción, (c) verificar los parámetros de diseño y modelos, (d) medir el desempeño del soporte del túnel durante y después de la construcción, (e) monitorear el impacto en ambientes circundantes, tales como asentamientos del suelo y régimen de aguas subterráneas. De los objetivos anteriores, el principal reside en la optimización del diseño y la ejecución de obras seguras de construcción de túneles. Otros objetivos importantes pueden incluir: (i) dar aviso de cualquier tendencia crítica para conservar la seguridad, (ii) predecir las tendencias futuras de los parámetros monitoreados y otros parámetros que aún no hayan sido controlados, (iii) hacer predicciones sobre el rendimiento y la gestión de los túneles completos.[1]

Según Marr [2] <u>los programas de instrumentación geotécnica son realizados por las siguientes dieciséis (16) razones:</u>

1. Por una falla inminente: Las estructuras geotécnicas pueden fallar con consecuencias catastróficas para la vida y la propiedad. Estas fallas pueden ser el resultado de cargas excesivas, errores de diseño, deficiencias de construcción, condiciones desconocidas o diferentes, deterioro, errores operacionales o de acción intencional.

2. Dar una alerta: La instrumentación puede alertar que en algunos indicadores de desempeño se exceden los límites aceptables. Estos instrumentos pueden ser parte de un sistema automatizado de alerta. Un inclinómetro puede advertir de un movimiento repentino a través de una zona de corte existente. Un piezómetro puede advertir de presiones de poro excesivas en el área de una presa (rio abajo) que podría llegar a ser inestable y amenazar la estabilidad de la misma. La instrumentación ahorra dinero al reducir el riesgo de una pérdida de vida o propiedad, o reduciendo las demoras.

3. Revelar incógnitas: Los ingenieros geotecnistas constantemente trabajan con incógnitas. A veces, estas incógnitas pueden causar una falla catastrófica que destruye todo un proyecto, cobra vidas o carreras; otras veces causan retrasos. El uso de las mediciones de campo puede revelar incógnitas durante la construcción y evitar un desastre. En general, los ingenieros geotécnicos no pueden controlar los materias en los que trabajan. La naturaleza creó esos materiales en procesos aleatorios que producen condiciones no uniformes y altamente variables. Las incógnitas pueden generar amenaza sobre el éxito de un proyecto, por ello la instrumentación se usa para medir el desempeño real de los diseños. Las mediciones se utilizan para identificar los posibles efectos indeseables.

4. Evaluar supuestos críticos de diseño: Por lo general, no se puede justificar el gasto de investigaciones y estudios necesarios para eliminar la incertidumbre acerca de las condiciones y parámetros que afectan al diseño geotécnico. Se hacen suposiciones simplificadoras acerca de las condiciones del suelo y se eligen parámetros conservadores para preparar un diseño. Si estos supuestos fueran errados y las consecuencias fueran inaceptables, la instrumentación geotécnica se podría usar para obtener datos con los cuales evaluar los supuestos críticos. Para que este método funcione eficazmente, es necesario un diseño que pueda ser modificado si la instrumentación muestra que los supuestos iniciales están errados.

5. Evaluar los medios y métodos del Contratista: Los resultados de algunos proyectos geotécnicos dependen de los medios y métodos del contratista. La instrumentación geotécnica se utiliza para determinar si los medios y métodos del contratista cumplen con los requisitos específicos de funcionamiento. Un buen programa de instrumentación puede proporcionar datos suficientes y adecuados para mostrar un desempeño indeseable de la obra. Los medios y métodos se pueden ajustar para reducir su impacto en el proyecto. La instrumentación ahorra dinero al ayudar a reducir las consecuencias de resultados indeseables.

6. Minimizar el daño a estructuras adyacentes: La construcción subterránea puede tener consecuencias adversas que van más allá de los límites del proyecto. Estas consecuencias pueden afectar a las propiedades adyacentes con resultados no deseados. Pueden generarse reparaciones costosas, malas relaciones y litigios prolongados. La instrumentación ahorra dinero al proporcionar datos tempranos sobre el comportamiento de estructuras adyacentes, por lo tanto los daños pueden evitarse o minimizarse mediante el cambio de las operaciones de construcción.

7. Control de la construcción: La instrumentación puede ser usada para monitorear el progreso del comportamiento geotécnico y controlar la actividad de construcción; y ahorra dinero al ayudar a determinar la forma más rápida y más expedita para proceder con la construcción sin crear comportamientos indeseables.

8. Control de operaciones: La instrumentación geotécnica se puede usar para ayudar a controlar el funcionamiento de una instalación. Esto podrá generar ahorros potenciales de dinero y por ende ganancias económicas para el propietario de la instalación.

9. Planeación de métodos correctivos para solucionar problemas: A veces las cosas salen mal en la construcción geotécnica, por ello se deben hacer correcciones. Es necesario encontrar la mejor solución para entender lo que salió mal. Los datos de instrumentación geotécnica pueden ayudar a resolver que causó el problema. Entonces se puede concebir una acción correctiva que se ocupe de la causa específica y no enmascare los síntomas. La instrumentación ahorra dinero al ayudarnos a adaptar una solución a la causa específica del problema.

10. Mejorar el desempeño: Los conceptos modernos de gestión empresarial para el mejoramiento continuo y la necesidad de realizar mediciones propician el logro de los objetivos. Un dicho común en la práctica empresarial es que "lo que se mide mejora, mientras las cosas que no se miden eventualmente fallan". El mero proceso de medición junto con el normal comportamiento humano conduce a un rendimiento mejorado. La industria de la construcción subterránea busca maneras de mejorar sus operaciones para producir instalaciones que funcionen mejor y cuesten menos. Al igual que otros procesos de negocio, el mejoramiento sólo puede ser evaluado a través de la medición. Los sistemas geotécnicos de instrumentación pueden jugar un papel central en la mejora de estas mediciones.

11. Avances en el estado del arte: Muchos de los avances en las teorías de la geotecnia tienen sus raíces en los datos de instrumentación geotécnica de proyectos a gran escala. Los datos nos dan una idea de cómo se comportan las cosas y sus relaciones de causalidad. Históricamente se ha implementado una cantidad significativa de instrumentación geotécnica como parte de un esfuerzo de investigación para mejorar el estado del conocimiento. La instrumentación al mejorar el estado del conocimiento ahorra dinero a través del mejoramiento de los diseños y los métodos de construcción.

12. Documento de rendimiento para evaluar daños: Las reclamaciones por daños y perjuicios a terceros representan uno de los riesgos más importantes que se enfrentan en proyectos geotécnicos. Algunas reclamaciones pueden incluir cargos por daños no relacionados con la construcción. Otras pueden ser exageradas, como una reclamación por daños estructurales cuando en realidad ocurre un daño de menor importancia arquitectónica. Los datos de instrumentación geotécnica pueden ayudar a establecer la validez de tales reclamaciones. La instrumentación ahorra dinero al ayudar a identificar reclamaciones falsas o exageradas.

13. Informar a los interesados: La construcción en áreas desarrolladas puede afectar a numerosas partes, es decir todas aquellas que puedan ser impactadas negativamente por el proyecto. Los datos de instrumentación geotécnica pueden proporcionar evidencia sólida de los verdaderos impactos de la construcción y proporcionar respuestas a las preguntas y los temores de los interesados.

14. Satisfacer las regulaciones: Algunas instalaciones deberán ser instrumentadas para cumplir con los requisitos de la normativa específica. Por ejemplo, algunos sitios requieren que los piezómetros sean instalados a una altura especificada en todas las presas de tierra. Algunas ciudades requieren que los sismógrafos sean instalados en edificios altos para grabar la respuesta a un sismo. La instrumentación puede ser necesaria para ayudar a proteger la seguridad pública. No siempre es fácil ver cómo la instrumentación ahorra dinero cuando se instala para cumplir con una regulación. Para un proyecto específico puede que no haya ahorro de dinero, especialmente si la única razón por la que se instaló el equipo es para satisfacer las regulaciones. Desafortunadamente, muchos de los implicados ven la instrumentación sólo como un costo adicional.

15. Reducir Litigios: Los datos de instrumentación geotécnica pueden ser un poderoso elemento de disuasión en los litigios. Los contratistas podrán reclamar las condiciones diferentes de sitio. Cuando las condiciones del subsuelo están involucradas, los datos de un programa de instrumentación pueden proporcionar evidencia clara para ayudar a llegar a una resolución justa de los litigios.

16. Demostrar que todo está bien: Cada vez más se usan programas de instrumentación para demostrar que el comportamiento real está dentro de los límites previstos por los diseñadores. La presunción es que no haya sorpresas o consecuencias inesperadas en costos y tiempo, y que el comportamiento inesperado se pueda identificar con suficiente antelación para mantener el control del costo del proyecto y la programación.

Marr [2] plantea un método aproximado para cuantificar los beneficios de la instrumentación. Aunque el método no es preciso, es suficiente para decidir qué parte de un programa de instrumentación vale la pena en distintas situaciones. El método propuesto se basa en los conceptos de la teoría de decisión y análisis de riesgos. La teoría de la decisión establece un marco para los gerentes al tomar decisiones cuando se enfrentan a información incompleta e incierta. El análisis de riesgos proporciona información para tomar decisiones utilizando la teoría de la decisión. Un gerente puede elegir un curso que minimice el riesgo, o un curso en el que los beneficios logrados mediante la reducción de riesgos sean mayores que los costos de lograr dicha reducción.

La filosofía tradicional de la mayoría de los ingenieros ha sido tratar las incógnitas e incertidumbres a través de diseños con precaución y conservadurismo. Los riesgos actuales son arbitrariamente enmascarados por un factor de seguridad. Su objetivo es conseguir que una estructura sea lo suficientemente grande y fuerte para que todas las incertidumbres existentes no importen. Sin embargo, este hecho da lugar a mayores costos para el propietario sin un conocimiento claro acerca de lo que está comprando. Una alternativa a esta situación es hacer más investigaciones y estudios en la fase de pre-construcción para reducir la incertidumbre y el conservadurismo. En algún momento, el costo de las investigaciones y estudios adicionales se hace alto en relación con la reducción de la incertidumbre obtenida, la cual mantiene cierto grado pese al trabajo adicional. La Figura 1 ilustra estos puntos en un diagrama conceptual. El eje horizontal representa el nivel de esfuerzo gastado en investigaciones y diseño. Cuando este nivel de esfuerzo se incrementa, el conservadurismo en el diseño debe disminuir conduciendo a menores costos de construcción. La curva 1 indica el total de costos de investigación y construcción. El punto A indica el nivel óptimo de investigación que produce el mínimo de investigación y costos de construcción.

Los costos bajo la curva 1 no se consideran en los costos de riesgos. Los costos de riesgos resultan por sucesos inesperados y condiciones no previstas en el diseño que aumentan el costo de construcción, producen retrasos y/o causan daños a las personas y bienes. Estos costos son más altos para los niveles bajos de investigación y diseño porque la probabilidad de falla es mayor debido a la gran incertidumbre en la información usada para el diseño. Estos costos disminuyen con el aumento de nivel de la investigación y diseño, en gran parte debido a que la incertidumbre en el desempeño esperado decrece por la investigación adicional. Cuando se suman los posibles costos de riesgo al costo total, se obtiene la curva 2. El nivel óptimo de la investigación y diseño se incrementa al punto B. El costo total óptimo se ha incrementado al aumentar el nivel de investigación y se han incluido los costos de riesgo, sin embargo el costo total óptimo es significativamente menor que en el nivel de investigación del punto A; si se incluyen los costos de riesgo (punto C).

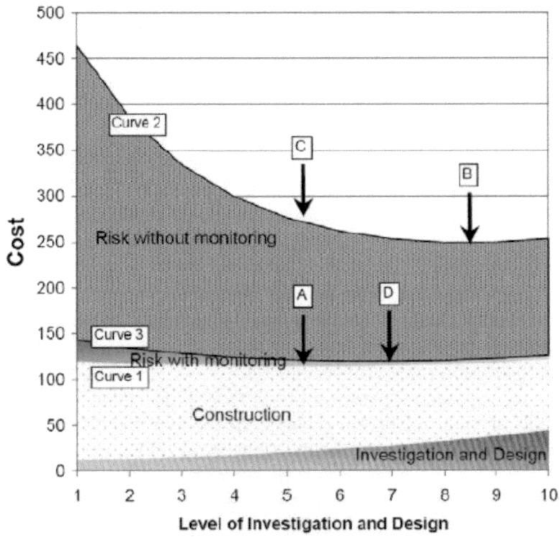

Figura 1. Optimización del costo total [2]

La observación realmente interesante es lo que sucede cuando se considera el efecto sobre el costo total de monitoreo de desempeño. Hay cierta evidencia que indica que un programa de monitoreo "eficaz" puede reducir el riesgo en un orden de magnitud. Esta reducción proviene de la incertidumbre y consecuencias que disminuyen. La curva 3 muestra los costos totales cuando los costos de un programa de monitoreo son adicionados a la investigación, la construcción y los costos reducidos de riesgos. El nivel óptimo de investigación se desplaza hacia el punto D y es algo mayor que en el caso en que se ignoran los costos de riesgo (Punto A), pero mucho menor que el caso en el que se incluyen los costos de riesgo, pero no se monitorea (Punto C). Los costos totales con monitoreo "eficaz" (Punto D) son significativamente menores que aquellos que no se monitorean (punto B). El punto D representa la verdadera optimización del proceso de diseño-construcción mediante el empleo de un nivel adecuado de investigación y diseño para eliminar el conservadurismo costoso. El uso de monitoreo "eficaz" reduce la incertidumbre sobre el comportamiento y controla de mejor forma las consecuencias de un comportamiento inaceptable.

El monitoreo de desempeño debe ser responsabilidad del equipo que dirige la obra. Un sistema efectivo de monitoreo les proporciona datos concretos sobre el desempeño del diseño del consultor, del trabajo del contratista, y los efectos de las condiciones del sitio. El monitoreo al apoyarse en la gestión de riesgos requiere que la información sea oportuna y confiable.

De conformidad con el reporte ITA N°009 de 2011 [1] cuando se planifica un programa de monitoreo se deben seguir algunos principios con el fin de obtener resultados útiles para los fines prácticos, con un mínimo gasto. El diseño y espaciamiento de la configuración o matriz de la instrumentación debe ser seleccionada considerando las condiciones específicas del sitio que dependerán de factores como la estratigrafía, nivel de detalle (volumen de datos) y el grado de redundancia necesario. Un programa de instrumentación debe ser planificado para obtener la siguiente información:

(1) *Respuesta inicial del suelo*: Presiones de tierra y agua, desplazamientos y deformaciones. (2) *Interacción suelo-estructura*: Desplazamientos relativos de tipo estructural, tensión estructural y deformación en compresión, y presiones de tierra (3) *Interacción suelo-soporte*: Resistencia y rigidez del soporte, desplazamientos relativos (distorsión), tensión y esfuerzos de compresión, y deformaciones y presiones de tierra que actúan en el soporte. (4) *Condiciones del suelo*: Pozo de instrumentación para evaluar condiciones de presión de poros y suelo, aguas subterráneas, condiciones geológicas por cara expuesta, tasa de flujo y cambios externos en las presiones de tierra y agua. (5) *Monitoreo de control y medidas de mitigación*: Tales como compensación con lechada de cemento inyectada o congelación del suelo. Se evalúa la temperatura, las presiones de tierra y agua, anclajes y presiones, desplazamientos y deformaciones. (6) *Monitoreo de efectos y trabajos ambientales*: Desplazamientos del suelo, ruido y vibración, y calidad del aire. (7) *Secciones con instrumentación estándar*: Estas secciones se usan para evaluar el comportamiento general de los túneles con base en las mediciones de convergencia. (8) *Secciones totalmente instrumentadas*: Se miden en el soporte tanto esfuerzos como mediciones de convergencia para dichas secciones. (9) *Secciones con instrumentación especifica*: Este tipo de monitoreo se realiza sobre secciones con geometría singular (portal del túnel, intersecciones, estructuras vecinas sensibles a de asentarse) o con singularidades geológicas (fallas por corte, zonas de transición, zonas meteorizadas, etc). (10) *Secciones de Monitoreo para la verificación de un nuevo método de construcción*: Se debe planear la instrumentación y el monitoreo para verificar la eficiencia de cualquier nuevo método constructivo que se adopte.

Existen varios factores a ser considerados cuando se diseña un programa de instrumentación: (a) *Evaluaciones del suelo*: Se debe entender completamente el suelo en términos de su estratigrafía, resistencia y rigidez, esfuerzos in situ, compresibilidad y permeabilidad del mismo y una magnitud anticipada de cambios. (b) *Chequeo de suelo virgen*: Se debe monitorear la respuesta del suelo no intervenido que ayude a identificar el grado de interacción con estructuras adyacentes, en áreas del proyecto y variaciones naturales antes del inicio de la construcción. (c) *Limitantes de la instrumentación*: Hay ciertos requisitos para evaluar la instrumentación de campo en términos de su rango, sensibilidad, repetibilidad, precisión y vida útil. En áreas críticas se requiere de instrumentación local adicional. (d) *Responsabilidad*: Se deben establecer claramente las responsabilidades de instalación y puesta en marcha, calibración y provisión de datos de linea base dentro del marco contractual, al igual que las responsabilidades de mantenimiento, monitoreo, interpretación y reporte. (e) *Metodología*: Se debe asegurar que personal entrenado en instalación y monitoreo esté disponible y que todos los datos relevantes sean registrados durante la calibración de sitio. (f) *Frecuencia de lecturas*: La frecuencia en la toma de lecturas de cada instrumento debe ser definida con base en el tipo de proyecto, tipo de instrumento, personal disponible, localización y tiempo. Si se presentan cambios en el rango de la condición que se monitorea, se debe establecer una nueva frecuencia de toma de datos. (g) *Gestión de datos*: Se deben establecer niveles aceptables de activación y cursos de acción asociados, método de recolección de datos, interpretación y presentación clara de resultados. (h) *Monitoreo en tiempo real*: En este tipo de monitoreo se usan sistemas de adquisión de datos automáticos que pueden ser utilizados sobre la base de la tasa prevista de cambio en los parámetros medidos y los requerimientos de una respuesta rápida. (i) *Datos en los túneles*: Datos de registro en el túnel como los resultados de los mapas geológicos que deben ser incluidos como parte de los datos de monitoreo.

Generalmente los parámetros físicos monitoreados son: (i) deformaciones, (ii) desplazamientos relativos, (iii) desplazamientos absolutos, (iv) cambios en la curvatura en el soporte del túnel, (v) esfuerzos en el soporte y en el macizo rocoso, (vi) presiones de tierra o de la roca sobre el soporte del túnel, fuerzas en los anclajes y (vii) niveles piezométricos. Ver Figura 2

Varios factores debe ser considerados cuando se evalúan los datos de instrumentación tales como desviación de instrumentos, sensibilidad cruzada, calibración y factores ambientales. La desviación del instrumento es el cambio en las lecturas del mismo con el paso del tiempo cuando otros factores se mantienen constantes. Al hacer lecturas repetitivas se ayuda a detectar e identificar los errores de desviación instrumental. Para que un programa de instrumentación sea exitoso, los datos registrados deben entenderse por completo y se utilizan en el control del proyecto de túneles. [1]

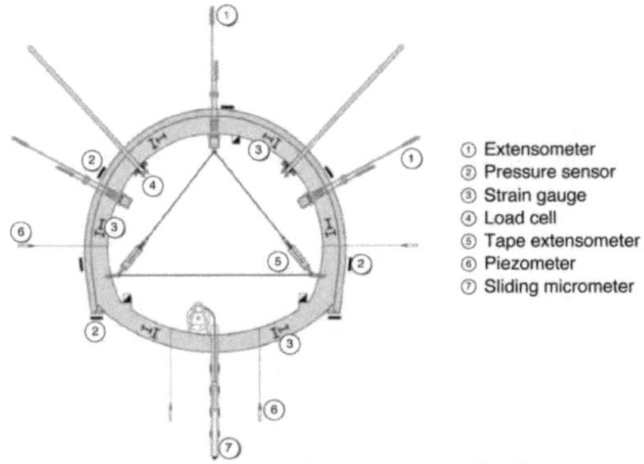

Figura 2. Instrumentación de una sección típica [1]

La siguiente información debe ser considerada cuando se interpretan datos de monitoreo: (1) Avance del frente del túnel, banca u otros datos relacionados con el progreso de los trabajos, (2) Cambios en la geología encontrada, (3) Datos de lluvias y piezométricos, (4) Cambios de temperatura cuando no hay sistema de detección, (5) deformaciones predichas a partir de análisis de diseño y (6) Cambios o sustitución de equipos de monitoreo durante la construcción.

Según Marr [2] las mediciones deben ser parte de los procesos de gestión de riesgos y ser usadas como posibles mecanismos de alerta que sean capaces de introducir medidas preventivas en un lapso de tiempo aceptable. En la práctica normal establecer valores de activación para parámetros indicadores claves (tales como desplazamientos, deformaciones o presiones) requiere la determinación de acciones apropiadas en respuesta al hecho de que estos valores sean excedidos. En el Reino Unido se usan usualmente dos valores o niveles de activación tipo semáforo que son determinados en la etapa de diseño.

El primer valor (Alerta / color ámbar) predeterminado o tasa de cambio de un parámetro indicador clave se considera para indicar un problema potencial, pero no de suficiente severidad que requiera el cese de los trabajos. Exceder este nivel de activación requeriría un chequeo de la función de los instrumentos, inspección visual de una estructura que este siendo monitoreada, incremento de la frecuencia de monitoreo, revisión del diseño y modificación de los procesos de construcción.

El segundo valor (Acción / color rojo) equivale a desplazamientos, deformaciones o presiones sobre el túnel o estructuras vecinas con un grado esperado de daño inaceptable. Si este valor es excedido, se requerirá de un chequeo inmediato sobre la función de los instrumentos y una inspección visual de la estructura que este siendo monitoreada, así como el inicio de una respuesta predeterminada, la cual podrá incluir el cese temporal de trabajos, retro-análisis del evento y modificación del diseño y del proceso constructivo.

Cuando se establecen valores de activación, lo siguiente debe ser especificado:
(1) Procedimientos para la transmisión de la información, (2) Asignación de responsabilidades entre el dueño, supervisor, diseñador y contratista, (3) tiempo permitido para que cada persona transmita información o tome una decisión, (4) acciones remediales para enfrentar situaciones previsibles.

En relación con el control de obras de túneles usando datos de monitoreo, se destacan las mediciones de convergencia, el monitoreo de desplazamientos absolutos y las mediciones de extrusión.

El monitoreo de convergencia se realiza con la ayuda de pernos o placas montadas en la pared del túnel inmediatamente después de la excavación. Para determinar las convergencias, las lecturas entre los pernos individuales de la misma sección transversal deben ser registradas a tiempo. Aunque todavía el método tradicional es usado, los avances más recientes han hecho de los métodos ópticos una práctica estándar. El método tradicional consiste en la medición de la distancia entre pernos con alambre o dispositivos inclinados de cinta. Los métodos ópticos consisten en la instalación de puntos o blancos reflectivos en las paredes y en la medición de desplazamientos absolutos de estos puntos. Uno de los beneficios del método óptico es que el sistema de monitoreo no impide el proceso de construcción del túnel.

Las mediciones de extrusión se llevan a cabo típicamente en un estado que está destinado a identificar la extensión y la condición de la zona libre de esfuerzos que está por delante de la cara del túnel (núcleo) mediante la determinación de su deformación longitudinal y (si el núcleo es accesible desde la cara) su deformación radial. La medición precisa de la extensión del núcleo en estudio es de suma importancia, ya que da aviso con mucha antelación a una deformación excesiva con respecto a la convergencia, que es sólo el aspecto resultante de la deformación del terreno. [1]

A continuación se hace una breve descripción de algunos instrumentos utilizados en el monitoreo de estructuras subterráneas y túneles ferroviarios según lo planteado por Rastogi [3]:

(1) Extensómetros para medir deformaciones de macizos rocosos: Se utilizan para medir la deformación de una sección del macizo rocoso y el suelo adyacente que lo circunda con respecto a un anclaje profundo. La profundidad de anclaje varía con el tipo de estrato de roca y la ubicación del punto fijo con respecto a la cual las deformaciones son medidas. Con el fin de evaluar las deformaciones y los cambios de esfuerzos de las distintas secciones del macizo rocoso, se utilizan los extensómetros de múltiples posiciones (MPBX) y se comparan con los extensómetros de posición

simple (SPBX). El (MBPX) contiene un número de anclajes (2 a 6) a diferentes profundidades. El rango de desplazamiento oscila comúnmente de 50 a 150 mm. El (SPBX) y (MPBX) están disponibles en dos tipos: mecánicos y electrónicos. La versión electrónica se prefiere en aplicaciones en donde el acceso a la cabeza del extensómetro para el propósito de tomar lecturas no es fácil.

(2) Celda de presión para medir cargas en pernos de anclaje: La celda de presión con un agujero en el centro se utiliza para determinar la carga en los pernos de anclaje y tensores anclados. Se instala en la superficie de la caverna subterránea alrededor del perno de anclaje o tensor anclado con la ayuda de placas colocadas a nivel superior e inferior. Se compone de una serie de sensores electrónicos (cuerda vibrátil o calibrador de resistencia a la deformación) montados alrededor de la circunferencia del elemento de detección de carga. El rango de carga admisible va hasta 5000 kN.

(3) Celda de presión para medir esfuerzos en cerchas y puntales: Las celdas de presión que trabajan a compresión se usan para la determinación de las fuerzas en los puntales. En caso de que se usen cerchas en los túneles para soportar el techo, se instalan usualmente dos celdas de presión en los extremos de la cercha (bases) y se coloca una tercera celda de presión en la corona de dicha cercha. Para el montaje de la celda de presión en la corona, se dispone de bridas en los dos extremos de los cortes (parte superior de la cercha). Las placas de base de las celdas de presión se atornillan a las bridas. El rango de carga admisible va hasta 5000 kN.

(4) Deformimetro para medir deformación en cerchas y puntales: El Deformimetro de cuerda vibrátil (longitud de 140 mm) puede ser soldado para la medición de deformación / esfuerzo en las cerchas y puntales. El tipo de soldadura y su instalación juega un papel fundamental en el funcionamiento correcto del Deformimetro. El sensor es de acero inoxidable y es impermeable. El Deformimetro determina indirectamente la carga sobre el puntal o cercha y su uso es más simple y su costo más bajo en comparación con las celdas de presión, por lo tanto son más usadas. En casos específicos se utilizan Deformimetros para medir deformación en el concreto lanzado, cuando esta alternativa constructiva es utilizada como sistema de soporte de túneles.

(5) Celda de presión para medir esfuerzos en el concreto lanzado: Este tipo de celda de presión (Estilo NATM) está diseñada para la medición de esfuerzos de tipo radial y tangencial en el soporte de concreto lanzado del túnel. La celda consta de una almohadilla rectangular de presión construida a partir de dos placas de acero inoxidable soldadas alrededor de la periferia. La almohadilla está conectada al sensor de presión de cuerda vibrátil a través de un tubo de acero inoxidable. La cavidad interior de la almohadilla y el sensor de presión se llenan con fluido desaireado. Estas celdas tienen un rango hasta de 30 MPa.

(6) Celda de presión para medir presión de poros alrededor del túnel: La celda de presión para medir esfuerzos tipo radial y tangencial en el concreto lanzado, permite medir presión de poros mediante una cuerda vibrátil. Estas celdas son instaladas en perforaciones de una sección del túnel o de cavidades subterráneas para monitorear cualquier incremento de presión de poros que pueda generar debilidad de la roca o suelo circundante. Las mediciones mecánicas pueden llevarse a cabo con piezómetros de Casagrande o con tubo piezométrico usando un inclinómetro.

(7) Medición de convergencia por método mecánico a través de extensómetro de cinta: El extensómetro de cinta está diseñado para medir pequeños cambios en la distancia entre dos puntos de referencia en cualquier orientación, y obtener la deformación de aberturas subterráneas, excavaciones, túneles, techo de una mina, movimientos de laderas inestables, etc. Los resultados se visualizan en una pantalla LCD de 5 dígitos.

(8) Medición de convergencia por método óptico a través de blancos tipo Bi-Reflex o prisma: Los objetivos ópticos o blancos tipo Bi-Reflex o Prisma son ampliamente usados para monitorear la

convergencia de túneles o taludes. Los blancos se ajustan a un tornillo de acero, el cual está cementado en la estructura. La localización de los blancos en las tres dimensiones se determina con exactitud por medio de las estaciones totales

(9) Inclinómetro y dispositivos magnéticos de asentamientos: Estos instrumentos son usados comúnmente para monitorear los movimientos laterales (en dirección X, Y) y asentamientos (en dirección Z) alrededor de la excavación del túnel o en un talud. Estos instrumentos proporcionan información valiosa acerca de los pequeños movimientos que tienen lugar a nivel subterráneo, de manera que las acciones correctivas se tomen con suficiente tiempo antes de que ocurra una catástrofe.

(10) Anclajes de medición para medir la distribución de la carga ejercida sobre pernos instalados: Los anclajes de medición, también conocidos como extensómetros de perno anclado, es una combinación de perno de anclaje y extensómetro. Se utiliza para determinar la carga ejercida sobre los pernos instalados con lechada. Es un instrumento de precisión diseñado para evaluar las fuerzas de anclaje y su distribución dentro del perno anclado, y por lo tanto, su seguridad y eficacia.

La instrumentación de las cavidades subterráneas varía significativamente según el tipo de metodología de construcción usada, la naturaleza de la roca obtenida, el tamaño (ancho) de la cavidad subterránea, la altura de la sobrecarga, etc. Entre los esquemas utilizados de instrumentación en diferentes proyectos se tiene: (1) La instrumentación de cavernas de maquinas y transformadores que consiste usualmente de tres extensómetros electrónicos y celdas de presión (con agujeros en el centro) electrónicas para los anclajes y extensómetros de cinta para medición de convergencia. Los piezómetros pueden ser instalados de ser necesario. (2) La instrumentación tipo "Penstock" o tubería de carga, controla el flujo de agua hacia la casa de maquinas. (3) La Instrumentación de túneles ferroviarios presenta requerimientos similares a cualquier cavidad subterránea, con excepción que se necesita instrumentación adicional para las cerchas de acero o para el concreto lanzado (NATM) según sea el caso. En las cerchas se usan celdas de carga de compresión y Deformimetros, mientras que para el concreto lanzado se usan celdas de presión fijadas con inyección de lechada. [3]

Finno y Hashash [4] describen la evolución de las herramientas integradas para predecir, monitorear y controlar los movimientos del suelo asociados a las excavaciones en las zonas urbanas. El uso adecuado de los datos de monitoreo para actualizar las predicciones del comportamiento de excavaciones con soportes depende de simulaciones numéricas razonables del comportamiento, tipo de datos de monitoreo usados como observaciones, y técnicas de optimización utilizadas para minimizar la diferencia entre las predicciones y los resultados observados.

Los autores consideran que una clave para la simulación exitosa de los elementos finitos es la representación razonable dentro de una simulación numérica pertinente de las actividades de campo durante la construcción. Además de replicar los procedimientos de construcción y la dimensionalidad del problema, también hay que considerar cuidadosamente la aplicabilidad de un modelo constitutivo para replicar los aspectos de comportamiento que más afectan las mediciones que se hacen para evaluar el desempeño.

Mientras las excavaciones con soportes comúnmente son simuladas numéricamente por etapas de modelado de excavación e instalación de soportes, es necesario simular todos los aspectos del proceso de construcción que afectan las condiciones de esfuerzos alrededor de la excavación para obtener una predicción precisa del comportamiento.

Cuando se lleva a cabo una simulación numérica de una excavación profunda con soportes, una de las decisiones claves que se deben tomar oportunamente en el proceso es la selección de los modelos constitutivos de materiales que representan las diferentes formaciones del suelo en el sitio. Si los resultados constituyen el pilar de una predicción que se actualizará sobre la base de los datos de desempeño de campo, entonces los tipos de datos de campo que forman la base de la comparación afectarán la aplicabilidad de un modelo particular. Cuando el modelo constitutivo se utiliza para un caso donde el control de los movimientos del terreno es una consideración clave en el diseño, éste debe ser capaz de reproducir la respuesta del suelo en los niveles apropiados de deformación para las cargas impuestas.

Las suposiciones inherentes en cualquier predicción limitan los tipos de datos que pueden ser utilizados como base de la actualización de las predicciones de desempeño. Por consiguiente, se deben seleccionar cuidadosamente los tipos de datos, la ubicación de los puntos de medición y las condiciones de excavación cuando se aplica una técnica inversa. Los datos de un inclinómetro basados en mediciones cercanas al muro de soporte son los más útiles cuando se usan modelos típicos constitutivos elasto-plásticos que se supone que representan el comportamiento del suelo.

Si bien estos diferentes tipos de datos pueden ser manejados dentro de un análisis inverso debidamente formulado, la recolección oportuna y la detección de los datos deben ser realizadas exitosamente. Además, para que cualquier sistema de monitoreo sea totalmente automatizado, uno debe ser capaz de seguir el progreso de la construcción de manera que los datos de desempeño se puedan correlacionar con las actividades de excavación. Para correlacionar los datos numéricos con las acciones que causan el proceso de excavación, las tecnologías de formación de imágenes pueden ser empleadas para proporcionar un registro exacto y detallado de las actividades de construcción.

El uso del Análisis inverso permite evaluar el desempeño de estructuras geotécnicas a través de un método observacional cuantificable. Se ha utilizado para identificar los parámetros del suelo en laboratorio o en ensayos in situ y los datos de observación de los sistemas de soporte de la excavación, en excavación de túneles en roca y en la construcción de terraplenes sobre suelos blandos. El uso de un modelo inverso proporciona los resultados y estadísticas que ofrecen numerosas ventajas en el análisis del modelo y, en muchos casos, acelera el proceso de ajuste de valores de parámetros. El beneficio fundamental del modelado inverso es su capacidad para calcular automáticamente valores de parámetros que producen el mejor ajuste entre los resultados observados y calculados. Las principales dificultades inherentes a los algoritmos del modelado inverso son la complejidad, no unicidad, y la inestabilidad. En la geotecnia, se han aplicado dos tipos principales de análisis inverso: (1) La optimización por algoritmos iterativos tales como métodos de gradiente y (2) La optimización de las técnicas del campo de la inteligencia artificial, incluyendo redes neuronales artificiales y algoritmos genéticos.

Un nuevo método de análisis inverso se ha introducido para integrar la precedencia en simulaciones numéricas. Es un método de auto-aprendizaje en simulaciones de ingeniería (SelfSim). Este método extrae la información relevante del suelo constitutivo directamente a partir de mediciones de campo sobre la respuesta de una excavación tales como deformaciones de la pared lateral y asentamientos de superficie. El modelo resultante del suelo usado en un análisis numérico, ofrece deformaciones del suelo coincidentes con el comportamiento observado de la excavación y puede ser utilizado en la predicción del comportamiento de excavaciones similares. El modelo del suelo puede evolucionar continuamente con la información de campo adicional.

Según Finno y Hashash [4] un registro exacto y detallado de las actividades de construcción se puede proporcionar a través de las siguientes técnicas:

(1) Escaneo Láser: El escaneo láser tridimensional es una tecnología relativamente nueva que utiliza LIDAR (Light Detection and Ranging). Es similar al RADAR (Radio Detection and Ranging), pero utiliza la luz para medir rangos o distancias. Un escáner láser consta de un diodo emisor que produce una fuente de luz a una frecuencia muy específica. Un espejo dirige el haz de luz del láser (con un diámetro de 6 mm) horizontalmente y verticalmente hacia el objetivo. La superficie del blanco entonces refleja el haz de luz. El resultado de un escaneo produce nubes de puntos y que es procesada en modelos precisos en 3D.

(2) Cámaras Web: Los autores han usado cámaras de video conectadas a internet (resistentes a la intemperie) o "webcam" en varios proyectos para monitorear el proceso de construcción en tiempo real. Estas cámaras pueden ser instaladas con características que permiten a un usuario con contraseña alejarse o acercarse para observar los detalles de la construcción. Las imágenes pueden ser accesibles a través de un sitio web para el público en general, incluidos los ingenieros de proyecto, contratistas y propietarios.

(3) Estación Total Automatizada de Topografía: Los autores han empleado una estación topográfica total para monitorear el desplazamiento de prismas ópticos colocados en varios lugares alrededor de un sitio de excavación. La estación total se ha configurado para permitir la comunicación a través de la transmisión de datos RS232 a un transceptor, de tal forma que una comunicación de radio se estableció entre la estación total y una red de computadores remotos. Los prismas ópticos de medición se instalan en lugares seleccionados para monitorear la deformación del suelo adyacente y las estructuras durante el proceso de excavación. La adquisición automática de los datos permite que puedan ser importados directamente a un modelo numérico de actualización automática en tiempo real, de modo que las predicciones actualizadas de desempeño se puedan hacer de una manera oportuna.

(4) Inclinómetro de acceso remoto. La Inclinación es importante porque permite calcular la distorsión angular (un parámetro que se correlaciona con el daño observado) si la distribución de asentamientos es conocida. Se han empleado inclinómetros de acceso remoto sobre elementos estructurales seleccionados de un edificio afectado por las actividades de excavación para monitorear la respuesta de la estructura durante la excavación. Los inclinómetros se instalan en las columnas y paredes con un epoxico de fraguado rápido y están acoplados con transceptores de radio (onda libre) de punto a punto para permitir la recolección continua y remota de datos. La correlación de mediciones de inclinación a movimientos del terreno permite que la respuesta estructural de un edificio afectado por las actividades de excavación sea evaluada directamente cuando se combina con modelos estructurales. Después de todo, la protección de las estructuras adyacentes es una objeción de diseño en muchas excavaciones en zonas urbanas congestionadas.

La gran cantidad de datos heterogéneos relacionados con el desarrollo del espacio subterráneo incluye: (a) Información de diseño, (b) Actividades de construcción e imágenes, (c) Datos de monitoreo, y (d) Predicciones del modelo numérico. Estos datos no tienen una ubicación central, es decir están mal integrados. La integración de estos datos proporcionará a todas las partes involucradas en el desarrollo del espacio subterráneo un acceso oportuno a toda la información pertinente y facilitará la toma de decisiones. [4]

Debido a la actual revolución de la electrónica y las comunicaciones se pueden fabricar instrumentos geotécnicos más rentables utilizando tecnología digital. Esta nueva generación de instrumentos digitales ha incorporado micro-controladores que proporcionan una medición muy precisa y confiable del comportamiento geotécnico en "*unidades del mundo real*" que pueden ser inmediatamente interpretadas. Esto según lo planteado por Hyett [5].

Históricamente, la instrumentación geotécnica se ha basado en sensores análogos, de modo que el usuario mide resistencia, voltaje, corriente (4 - 20 mA) o frecuencia de cuerda vibrátil. Hyett [5] analiza las oportunidades que se derivan de la aplicación de nuevas tecnologías de sensores digitales para monitoreo geotécnico subterráneo.

En los sistemas convencionales, la interpretación de los datos de instrumentación es a menudo complicada debido a las graves limitaciones asociadas con la tecnología de sensores análogos. Durante la interpretación de datos, el mayor desafío se genera, no por el sensor que puede fallar completamente, sino por el sensor que está aparentemente en funcionamiento, sin embargo está transmitiendo una señal errónea debido al mal funcionamiento o daños en el cableado. Está situación es usualmente detectada por personal calificado y experimentado.

El diseño de sensores ha sido transformado por la revolución de las (TICs). Hace una década, el estado de la tecnología más avanzada de detección se limitaba en gran medida al gobierno, militares y laboratorios universitarios. Hoy en día se producen en masa componentes comerciales que representan el estado del arte. Esto, combinado con el incremento en la utilización del sensor en la industria automotriz, ha significado la aplicación de la electrónica en la fabricación de sensores digitales geotécnicos. Esta nueva tecnología ofrece grandes oportunidades para el monitoreo del entorno minero.

Por definición los sensores digitales transforman las señales continuas de los transductores análogos, en una señal discreta de salida codificada. Una potente plataforma electrónica de un sensor digital es un moderno micro-controlador programable (MCU) con un núcleo de 8 o 16 bit, memoria, temporizadores y contadores, y empaques tipo ADC (Convertidor de Análogo a Digital) dentro de un solo chip. Lo que se busca con el uso de sensores digitales es mejorar la precisión, la confiabilidad, la accesibilidad a los datos, la gestión y almacenamiento de datos y reducir costos.

En la actualidad, los únicos instrumentos digitales para aplicaciones de minería son muy caros; son productos de alta gama. Algunas empresas mineras de instrumentación diseñan, fabrican y comercializan a bajo costo instrumentos geotécnicos digitales específicos. Entre los instrumentos se pueden encontrar Sensores Digitales tipo DETECT y TILT, y Dispositivos periféricos tipo SLUG y SENSORSYNC. Los instrumentos pueden estar conectados por un cable de señal RF o conexión inalámbrica. [5]

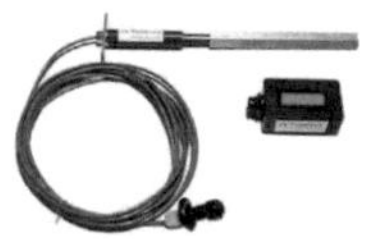

Figura 3. Sensor tipo DETECT GMM [5]

Figura 4. Dispositivo de registro tipo SLUG [5]

Conclusiones

- ❖ El uso de la instrumentación es una parte esencial de cualquier actividad de la construcción en la actualidad; debe ser parte de cualquier proyecto que implique una incertidumbre significativa o consecuencias importantes de un comportamiento inesperado. Los resultados de un programa de monitoreo pueden ayudar a evitar comportamientos no deseados y reducir las consecuencias.

❖ Un comportamiento inesperado podría afectar de modo negativo un proyecto, estructuras vecinas y servicios públicos y personas. Esto podría retrasar el proyecto, aumentando sus costos y dando lugar a litigios largos y costosos. La instrumentación y el monitoreo nos proporciona información oportuna con base en datos de observación que reducirían el nivel de incertidumbre y nos permite conocer el desempeño real y compararlo con el desempeño esperado. Si existen diferencias entre desempeños, esto indicaría el efecto de la incertidumbre sobre nuestros diseños.

❖ Cuando se lleva a cabo un proyecto donde hay estructuras adyacentes que puedan ser afectadas por las actividades de construcción, se deben realizar labores de instrumentación y monitoreo. Es importante mantener informados a los interesados acerca de las actividades desarrolladas para evitar la posibilidad de malas relaciones, disputas costosas y paros laborales.

❖ Aunque la instrumentación y el monitoreo son herramientas poderosas en la industria de la construcción especialmente en aquellas de índole subterráneo, en nuestros proyectos su aplicación es bastante restringida a casos especiales. Usualmente los propietarios de proyectos y algunos contratistas ven la instrumentación geotécnica como una pérdida de recursos innecesaria, sin embargo la realidad es totalmente opuesta, lo que evidencia un nivel significativo de desconocimiento.

❖ Los programas de instrumentación geotécnica son usados para salvar vidas, ahorrar dinero y/o reducir los riesgos al registrar un desempeño inesperado e indeseable. El éxito de este tipo de programas incluye su planificación especificando los instrumentos, adquisición de hardware, recolección de datos, interpretación de resultados, elaboración de informes y toma de acciones de acuerdo con las conclusiones.

❖ Un programa de instrumentación instalado apropiadamente con datos recogidos y evaluados cuidadosamente, se puede convertir en un recurso valioso en el mantenimiento y rehabilitación de una estructura en su etapa de pos-construcción.

❖ Para que un programa de instrumentación sea exitoso, los datos registrados deben entenderse por completo y ser utilizados en el control del proyecto, por lo tanto deben ser siempre examinados por un experto para detectar cualquier tendencia inesperada y tomar necesariamente medidas oportunas. La evaluación de los datos se debe completar en el menor tiempo posible.

❖ La instrumentación geotécnica ha sido ampliamente usada para detectar la aparición de fallas en presas, taludes, terraplenes y excavaciones. El monitoreo puede tener diferentes propósitos. Puede ser una advertencia para evacuar personas y mover los equipos, para iniciar acciones y prevenir la falla y/o para proporcionar realimentación cuando se presente una falla intencional.

❖ Las obras de túneles en suelos blandos inducen inevitablemente asentamientos superficiales. Estos asentamientos pueden causar daños a edificios y servicios ubicados dentro de la zona deprimida, por lo tanto el control de movimientos del suelo es de suma importancia, especialmente en obras de túneles urbanas.

❖ La introducción de herramientas modernas de almacenamiento y procesamiento de datos puede contribuir a la eficiencia del monitoreo y enfoque de control. Por lo tanto se requieren desarrollos relacionados para lograr una evaluación integral de los beneficios proporcionados para su aplicación práctica en proyectos de túneles.

- Un buen programa de instrumentación debe incluir uno o más de los siguientes objetivos: Investigación de sitio para caracterizar y determinar las condiciones iniciales del sitio, verificación de las hipótesis de diseño, control de construcción para monitorear sus efectos adversos, seguridad acorde para proporcionar una alerta temprana en caso de falla inminente, protección legal a los diseñadores y contratistas con respecto a las estructuras vecinas y desempeño real para monitorear el comportamiento de una estructura en servicio.

- En la instrumentación geotécnica se necesita de una interacción amplia y completa entre el diseñador, el usuario y el proveedor del instrumento. La instalación apropiada de instrumentos geotécnicos es tan importante como la calidad del instrumento mismo ya que una vez instalado en el túnel ferroviario, el instrumento no se puede extraer. Si un instrumento falla después de la instalación, no puede ser sustituido. Ningún beneficio se puede obtener de estos instrumentos a menos que estén instalados correctamente, los datos de monitoreo regularizados y puesto a disposición del usuario. Y por último pero no menos importante, los datos deben ser interpretados y ser usados por el usuario en todo momento.

- En la práctica, los modelos numéricos se calibran típicamente usando métodos de prueba y error. El análisis inverso funciona de la misma manera que un enfoque de calibración no automatizado: Los valores de los parámetros y otros aspectos del modelo son ajustados hasta que los resultados calculados del modelo coinciden con el comportamiento observado del sistema. El uso de análisis inverso permite evaluar el desempeño de estructuras geotécnicas a través de un método observacional cuantificable.

- Debido al creciente avance en las (TICs), un número de instrumentos geotécnicos pueden ser construidos a bajo costo con tecnología digital. La nueva generación de sensores digitales ha incorporado micro-controladores que proporcionan lecturas muy precisas y confiables en "*unidades del mundo real*" que pueden ser inmediatamente interpretadas.

REFERENCIAS BIBLIOGRAFICAS

[1] ITA Report. (2011). Monitoring and Control in Tunnel Construction. Report N° 009 / November 2011. N° ISBN: 978-2-9700776-3-3.

[2] Marr, W.A. (2007). ¿Why Monitor Performance?. Seventh International Symposium on Field Measurements in Geomechanics. ASCE Geotechnical Special Publication 175.

[3] Rastogi, V.K. (2008). Instrumentation and monitoring of underground structures and metro railway tunnels. World Tunnel Congress 2008 - Underground Facilities for Better Environment and Safety - India. pp. 795-808.

[4] Finno, R.J. & Hashash, Y. (2009). Integrated Tools for Predicting, Monitoring and Controlling Ground Movements due to Excavations. Proceedings of 2009 NSF Engineering Research and Innovation Conference, Honolulu, Hawaii.

[5] Hyett, A.J. (2005). Innovative Digital Instrumentation for Geotechnical Monitoring Systems. Canadian Institute of Mining, Toronto.